奇妙的能量

了不起的科学实验

[塞尔维亚] 托米斯拉夫·森克安斯基●著

[塞尔维亚] 达科·泽比奇等●绘

钟睿●译

吉林科学技术出版社

© Kreativni centar, Serbia
Text: Tomislav Senćanski
Illustrations: Darko Žebić et al.

吉林省版权局著作合同登记号：
图字 07-2018-0056

图书在版编目（CIP）数据

奇妙的能量 / （塞尔）托米斯拉夫·森克安斯基著；
钟睿译. -- 长春 ：吉林科学技术出版社，2020.9
（了不起的科学实验）
书名原文：Simple Science Experiments 2
ISBN 978-7-5578-5614-4

Ⅰ. ①奇… Ⅱ. ①托… ②钟… Ⅲ. ①科学实验—青
少年读物 Ⅳ. ①N33-49

中国版本图书馆CIP数据核字（2019）第118977号

奇妙的能量 QIMIAO DE NENGLIANG

著　　者	[塞尔维亚]托米斯拉夫·森克安斯基	
绘　　者	[塞尔维亚]达科·泽比奇等	
译　　者	钟　睿	
出 版 人	宛　霞	
责任编辑	汪雪君	
封面设计	薛一婷	
制　　版	长春美印图文设计有限公司	
幅面尺寸	226 mm × 240 mm	
开　　本	16	
印　　张	4	
页　　数	64	
字　　数	50千字	
印　　数	1-6 000册	
版　　次	2020年9月第1版	
印　　次	2020年9月第1次印刷	

出　　版　吉林科学技术出版社
发　　行　吉林科学技术出版社
地　　址　长春净月高新区福祉大路5788号出版大厦A座
邮　　编　130118
发行部电话 / 传真　0431-81629529　81629530　81629531
　　　　　　　　　　81629532　81629533　81629534
储运部电话　0431-86059116
编辑部电话　0431-81629520
印　　刷　辽宁新华印务有限公司

书　　号　ISBN 978-7-5578-5614-4
定　　价　29.80元
如有印装质量问题　可寄出版社调换

推荐序

让我们的孩子拥有一颗无限好奇的心
和一双善于实践的手

打开可乐罐，为什么会有很多泡泡冲出来？为什么抚摸猫咪的毛有时会产生小火花？为什么在阳光下穿黑色的衣服会觉得更热？为什么将金属片放在纸上，松开手它们会一起落地？为什么不倒翁永远也不会躺下？为什么一张无论多大的纸对折起来，最多都不能超过七次……

在我们的生活中，充满了各种各样有趣的、不可思议的现象，这些让小朋友们对世界充满无尽的好奇。当他们睁大美丽的眼睛，用可爱的童音问出一个个"为什么"的时候，正是他们开始想要了解这个多彩世界的时候。

"了不起的科学实验"系列图书就是为了满足孩子们强烈的好奇心而制作的一套经典儿童读物。如今越来越多的家长开始重视培养孩子的科学素养，可落实到具体操作上家长们却是一头雾水。本系列图书便能轻松解决这个问题，它不仅能够帮助家长们更好地为孩子解释种种奇妙现象背后的科学原理，同时更能够激发小朋友们对水、空气、热量、光、电、声音、磁力、重力等方方面面知识的浓厚兴趣，努力去探究那一个个"神奇魔法"中隐藏的秘密，培养一种对万事万物充满好奇、努力寻求答案的精神。正是这种始终对未知保持好奇的态度，才能使他们眼中的世界永远是新鲜、有趣、精彩无限的。

"阅读千次不如动手一次"，本系列图书不是单向式传输知识的普通科普读物，而是一套将科学知识与实验方法有机结合的互动手册，我们希望让孩子们掌握"体验式学习"这一重要的方法，使一个个简单、有趣的小实验，成为孩子们打开科学世界大门的钥匙。运用种种简易的小工具，通过孩子们自己动手操作，制造出纸杯传声筒、塑料瓶分蛋器、吸管牧羊笛、浴缸中的喷气艇、会变色的小风车，甚至还可以自己制作出彩虹……这些动手实践的乐趣和获得实验成功、探知科学原理的成就感，让孩子们在对知识加深记忆的同时，更加真切地体验到科学的魅力，发现生活的美好，从而更加喜爱实践，更加热爱生活。

　　丰富的好奇心加上反复不断地实践操作，会激发孩子们无限的想象力和创造力，让他们对世界、对人生产生许多与众不同的思索，或许会由此奠定他们热爱科学的基础，使孩子最终成为一名科技工作者，甚至一名优秀的、用创造性思维和技术改变世界、造福人类的科学家。当然，更加重要的是，我们希望我们的孩子能够始终保持对世界充满好奇的童心，秉持不轻言放弃尝试的可贵品质，从而拥有充实、丰富的快乐人生。

目录 Contents

微信扫码
获取本书线上阅读资源

知识拓展包/趣味小测试
实验操作视频/专家答疑
实验小课堂/阅读助手

空 气

虽然我们肉眼看不见空气，但是空气有质量，

能够被加热或者冷却，还能被压缩或者膨胀。

空气是不同气体的混合物，其中最多的是氮气，

而氧气是维持生命和燃烧所需的气体，

它占了空气的约五分之一。

空气影响着大自然的方方面面。

玻璃杯里真的是空的吗？

观察一个空的玻璃杯，我们虽然说里面是空的，但其实里面仍然有一些东西。下面的实验，将会证明给大家看。

所需材料：
- 玻璃杯一个 ✓
- 装着水的器皿一个 ✓

实验操作：

1.直立地将杯子放入水中。

2.保持直立，将其取出。

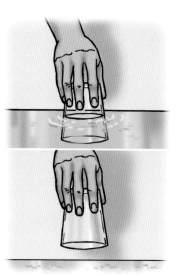

实验现象：

杯子内壁绝大多数地方仍是干的。

实验原理：

杯子里的空气阻止了水的进入。如果将杯子倾斜放入水中，你会发现有很多小气泡从杯子里跑出来，这更加证明，杯子里不是空的。

倒不出来的水

空气不仅有重量，还能在它接触的物体上释放压力。我们来做个小小实验吧。

所需材料：
- 一杯水 ✓
- 平滑的薄纸片一张 ✓

实验操作：

1. 将纸片覆盖于水杯口，按着纸片，小心地将玻璃杯倒转。
2. 慢慢地将按着纸片的手收回。

实验现象：

杯里的水并没有流出来。

实验原理：

这是大气压强的原因。纸片受到水对它向下的压强，同时，也受到外界空气对其向上的压强，大气压强远大于水对纸片向下的压强，所以纸片没有掉下来。

薄纸压住了尺子

我们已经知道了空气在各个方向都能释放出压力，接下来我们做一个实验来进一步证明这一点。

实验操作：

1.将尺子放在桌子上，使其三分之一的部分突出桌缘。

2.将纸覆盖于尺子放在桌子上的部分。

3.用一块干布挤压出桌子与纸之间的空气，这一步非常重要。

4.大力击打尺子突出来的部分。

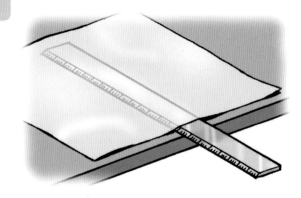

实验现象：

你可能觉得尺子肯定会飞出去，但是纸却把尺子压得牢牢的。

实验原理：

纸上的空气形成了向下的压力，把尺子牢牢地压在桌子上。

螺旋桨转啊转

加热空气，空气就会膨胀，空气膨胀就会运动。在下面的实验中，你可以做一个简单的装置来观察空气流动。

实验操作：

1. 用圆规在纸上画一个半径5厘米的圆，在该圆里再画一个更小的圆。

2. 在两圆之间画12~19条直线，并沿着直线剪开。

3. 顺着同一个方向把剪开的部分折成花瓣状。

4. 将针的钝处插进软木塞中，将圆心扎在针尖上，确保圆能够自由转动。

5. 将简易螺旋桨置于热源（类似于暖气片的东西）处。

所需材料：

- 结实的纸一张
- 尺子一把
- 铅笔一支
- 剪刀一把
- 圆规一个
- 软木塞一个
- 针一根

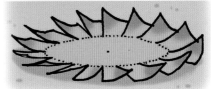

实验现象：

螺旋桨开始转动。

实验原理：

暖空气上升，带动螺旋桨的边缘，使之开始转动。热源越热，暖空气上升越快，螺旋桨也转得越快。

实验拓展：

如果不剪成圆形，我们试着在纸上裁剪出螺旋条，再将它最中心的地方放到铅笔笔尖处，使其能直立。当我们把这个螺旋条放置在热源附近时，它也会转动。

土豆子弹

气枪以空气为动力。下面的实验告诉你怎样使用空气发射子弹。

所需材料：
- 吸管一根 ✓
- 土豆一个 ✓
- 火柴（棉签）若干 ✓

实验操作：

1. 将土豆切成约0.5厘米厚的薄片。

2. 用吸管在土豆片里插洞，但不必将塞进吸管里的土豆粒取出。在吸管的另一头重复以上步骤。

3. 用火柴挤压里面的土豆粒。

实验现象：

"砰"的一声，土豆粒会从另外一端射出来。

实验原理：

土豆进入吸管里，会压缩吸管里的空气。当压缩的空气膨胀，就迫使另一边的土豆喷出来。试着用一根穿了洞的吸管来做以上实验，看看会发生什么。

长着羽毛的土豆

下面的实验将给大家展示鸟的羽毛在鸟飞行时的作用。

所需材料:

■ 小土豆一个 ✓

■ 鸟羽毛6~8根 ✓

■ 秒表 ✓

实验操作:

1.在某高度处将土豆自由落下,记录好其到达地面的时间。

2.如图所示,往土豆里插上鸟的羽毛,在同样高度放开土豆,并记录时间。

实验现象:

插着羽毛的土豆落得更慢,在下落过程中伴随着旋转。

实验原理:

羽毛在下行时受到了空气的阻力,而没有羽毛的土豆在穿过空气时更加轻松。

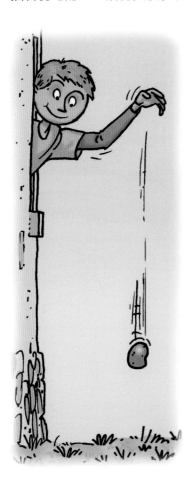

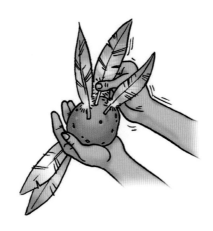

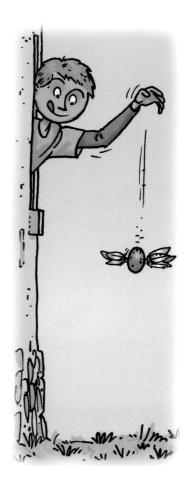

实验拓展:

当你跑步时,试试把撑开的伞置于身后再跑步,是不是跑得更加吃力呢?为什么?

实验记录:

下落物体	时间
小土豆	
插着羽毛的土豆	

热 量

原子和分子都处于不断的运动之中。

物体受热会膨胀，遇冷会收缩，当温度上升时，

粒子的振动幅度加大，令物体膨胀；

但当温度下降时，粒子的振动幅度减少，

使物体收缩。

金属可以拉伸吗？

让我们一起来看看金属加热时会有什么变化。

实验操作：

1. 将软木塞塞入瓶口，再将织针插进软木塞中。
2. 如图所示，将织针的另一头放置于另一个瓶子的瓶口上。
3. 用纸做一个箭头，用缝针插进箭头中心处。
4. 将带有箭头的缝针放在瓶口和织针之间。
5. 用蜡烛加热织针。

实验现象：

加热织针时，纸箭头会旋转。

实验原理：

织针受热后会膨胀拉伸，带动缝针，于是使得纸箭头旋转。

金属丝也可以拉伸

温度变化，金属丝的长度也会有所改变。下面的实验会展示给大家看金属丝怎样改变长度。

所需材料：
- 椅子两把 ✓
- 金属丝一根 ✓
- 重砝码一个 ✓
- 蜡烛一根 ✓

实验操作：

1. 将金属丝拉开，分别绑在椅子上。
2. 将砝码置于金属丝中间。
3. 用蜡烛加热金属丝的一边。

实验现象：

加热金属丝，砝码的位置会变得越来越低。

实验原理：

热量传到金属丝上，金属丝会拉伸，由此金属丝变长，于是，砝码的位置越来越低。

神奇的火柴

实验操作：

1.折弯火柴，使其弯成90度。

2.如图所示，用大头针把它插在瓶塞上。

3.拿起燃烧的蜡烛靠近火柴。

4.在火柴断裂处滴一点儿水。

所需材料：

- 瓶子一个 ✓
- 蜡烛一支 ✓
- 瓶塞一个 ✓
- 大头针一根 ✓
- 火柴一盒 ✓
- 水若干 ✓

实验现象：

火柴变直，遇火燃烧。

实验原理：

火柴棍里的毛细管吸收了水分，使其变直，从而接触火焰。

实验拓展：

如图，在火柴的断裂处滴一点儿水，会发现你不直接接触上面的物体，火柴上方的硬币却能掉进瓶里。

（图1）　　　（图2）

火柴折成两半，如图1把它们放到一个盘子里。往断裂处滴水，火柴会如图2，形成新的布局。

不怕烧焦的手帕

香烟点燃的那头温度很高，很容易就能烧穿纸、布或者塑料。下面的实验告诉大家，这些东西也有不被烧穿的时候。

所需材料：
- 棉手帕一块 ✓
- 硬币一个 ✓
- 香烟（或燃着的香）一支 ✓

实验操作：

1.将硬币放在手帕下面。

2.请吸烟的家长把燃着烟头置于硬币上的手帕上，尝试去点燃手帕。

实验现象：

烟头并不会点燃手帕，只会留下一些烟灰渍。

实验原理：

金属比棉布导热性更强，当烟头放在手帕上时，下面的金属硬币立刻就把大部分的热量给吸走了。剩下的热量只会让手帕变热，却不足以达到手帕的燃点。

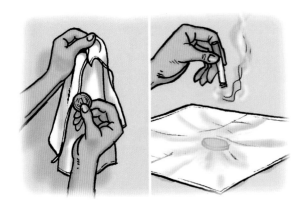

不用吹气，气球就能变大

如果我们不再往一个吹了气的气球里吹气，那么它的体积还会变大吗？我们一起来看看吧。

实验操作：

把充气的气球放在蜡烛旁，仔细观看。

实验现象：

气球会慢慢变大，最后爆炸。

实验原理：

在热量的影响下，空气分子的运动越来越快。它们挤压着气球壁，直至气球爆炸。

注意：

小心气球打翻蜡烛。

烛火需要氧气

没有氧气，火就不能燃烧。如果我们将一根点燃的蜡烛封闭在玻璃瓶里，火焰会随着氧气耗尽而熄灭。我们一起来看看吧。

所需材料：
- 蜡烛一根 ✓
- 橡皮泥一块 ✓
- 浅碟一张 ✓
- 可食用色素若干 ✓
- 硬币若干 ✓
- 广口瓶一个 ✓
- 水若干 ✓

实验操作：

1. 用橡皮泥将蜡烛直立固定于浅碟中央。
2. 用四摞硬币做成广口瓶的基底。
3. 将染色过的水倒入浅碟中，满至边缘处。
4. 请家长帮忙点燃蜡烛，小心地将广口瓶倒扣在硬币上面。

实验现象：

几分钟后，火焰熄灭，瓶内的水位上升。

实验原理：

火焰消耗了瓶内的氧气，于是水慢慢进入瓶内，水位大约升至瓶内五分之一处。当氧气消耗完时，火焰熄灭。对比一下在不同大小的瓶子里蜡烛燃烧的时间，如果蜡烛燃烧得久，证明瓶内氧气多。

纸带显示气流

热能以气流的形式传播。我们现在一起来看看吧。

实验操作：

1. 在薄纸上剪下长纸带。
2. 选择里外有温差的房间门，用胶布将纸带分别粘在门边的上面跟下面。
3. 轻轻打开门。

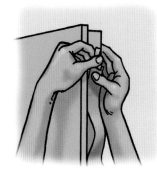

实验现象：

纸带会朝着相反的方向飘动——粘在上面的纸带朝着较凉爽的房间飘动，而粘在下面的纸带则朝着较温暖的房间飘动。

实验原理：

暖空气比冷空气轻，所以暖空气会上升到较高的地方。当你打开房门的时候，暖空气流走，而冷空气则流入代替它的位置。

实验拓展：

如果将纸带粘在门边的中间，再做实验，它会飘动吗？

电

电能使灯泡、热水器、吸尘器、洗衣机、
电视或是其他电器正常运作。没有了电，
我们的日常生活就不能继续。
电的威力很强大，因此很危险。
在我们生活中，也有不危险的电——电压
不超过36伏的电。

玻璃下的舞蹈

我们来做一出木偶戏吧。

实验操作:

1. 在锡箔纸上剪下几个小纸人,把它们放到托盘中。

2. 把书本放到托盘的四角,玻璃放在上面。

3. 用丝绸摩擦玻璃。小心不要弄碎玻璃。

实验现象:

小纸人会开始上下跳舞。

实验原理:

用丝绸摩擦玻璃相当于帮玻璃充电,玻璃上的电会吸住小纸人。同种电荷相斥,小纸人会在玻璃和托盘中上下舞动。电传到小人时,小纸人重新掉到托盘里,然后又被玻璃的电吸上去。

头发里的电流

下面的实验可以用自己的头发来产生静电。

所需材料：

☐ 线若干 ✓
☐ 气球两个 ✓
☐ 胶布若干 ✓

实验操作：

1. 用线和胶布，将两个气球捆绑在相距5~6厘米远的两端。

2. 拿起其中一个气球，摩擦你的头发，然后将它放在另外一个气球的旁边。

实验现象：

气球先相吸，再相斥。

实验原理：

气球与头发摩擦生电，使它吸引另外一个气球。当静电传到另外的气球上时，两个气球带了同种电荷，便又会相斥。

挑战一下：

将纸撕成小片，在头发上摩擦气球，再将气球靠近碎纸片，便会看到碎纸片被吸到气球上。

盐和胡椒粉的分离魔术

盐和胡椒粉混在一起,我们怎样将它们分开呢?

所需材料:

■ 胡椒粉若干 ✓
■ 粗盐若干 ✓
■ 塑料勺子一个 ✓
■ 无纺布一块 ✓

实验操作:

1. 在桌子上倒一些盐,再混上一点儿胡椒粉。

2. 用布使劲地摩擦勺子。

3. 把勺子放到盐和胡椒粉的上方。

实验现象:

胡椒粉会"跳上来",粘到勺子上。

实验原理:

摩擦勺子会使勺子带电,所以它能够吸引桌子上的小颗粒。如果你把勺子放得高一点,就只会吸引较轻的胡椒粉,但如果你把勺子放低,它也会吸引盐了。

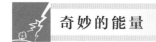

验电器

验电器可以用来测试物体是否带电，下面做一个简易的验电器吧。

所需材料：
- 玻璃罐一个 ✓
- 纸片一张 ✓
- 剪刀一把 ✓
- 铝箔纸一张 ✓
- 塑料梳子一把 ✓
- 干净的干布条若干 ✓

实验操作：

1. 在纸片上剪一个比罐口稍大的圆片。在圆片中间，剪两条稍长于1.3cm的平行的口子。

2. 剪两条长5cm、宽1.3cm的铝箔纸带。

3. 把纸带塞进圆纸片的缝隙里，短的那端折叠起来。将圆纸片放到玻璃罐口，纸带长的那端放到罐内。

4. 用布条摩擦梳子，使其带电。

5. 用梳子同时触碰两条铝箔纸带。

实验现象：

梳子带电，接触纸带时，罐子里的纸带会分向两边。

实验原理：

摩擦梳子，使得梳子带负电荷，当我们用梳子同时触碰到两条铝箔纸带时，电荷（以电子的形式）传到金属上。纸片便由此接收到了同种电荷，而由于同种电荷相斥，所以铝箔纸会分向两边。

"善变"的环

改变电荷会改变一个物体对另一个物体的影响方式。我们一起来看看吧。

所需材料：
- 塑料支架一个 ✓
- 胶带若干 ✓
- 剪刀一把 ✓
- 线一卷 ✓
- 铝箔纸一张 ✓
- 塑料棒一根 ✓

实验操作：

1. 将铝箔纸剪成带状，用胶带把它做成一个环。
2. 用线把铝箔纸环系在支架上。
3. 将塑料棒摩擦产生静电。
4. 慢慢地将塑料棒靠近铝箔纸环。

实验现象：

塑料棒与铝箔纸先相吸，后相斥。

实验原理：

由于铝箔纸环靠近塑料棒的一端与塑料棒带有不同的电荷，塑料棒和铝箔纸环一开始会相吸。当它们触碰到时，一部分的负电荷，会从塑料棒转移到铝箔纸环上。由此，它们所带的电荷变得一样，于是它们相斥。如果你把塑料棒放在铝箔纸的下面，它会悬浮起来。

自制电火花

1.伟大的科学家、电力先驱、发明家尼古拉·特斯拉,在他小时候发现摩擦猫毛可以产生电火花,你也可以试试这种方法。如果你没有猫的话,在黑暗中脱毛衣,也可以看到电火花,还能听到噼啪声。快速地触碰浴室的水龙头或者水管,你不仅可以看到电火花,还能感到被电。

2.借助皮毛,使唱片带电。然后把带有绝缘柄的金属板放在唱片上。手指靠近它,你就能"射出"火花。

3.在黑暗的房间里拿着荧光棒。用布条摩擦它,它会在黑暗中变亮。

竖起你的头发来

所需材料:
- 柔韧的塑料条一条 ✓
- 毛皮一块 ✓

实验操作:

1.用毛皮摩擦塑料条。

2.如图,把塑料条罩在你的头上。

实验现象:

你的头发丝会竖起来。

实验原理:

当你摩擦塑料条时,塑料条开始带电,这就使得它能够吸引更轻的物体——你的头发。

实验拓展:

把带电的塑料条靠近水龙头的水,水流会朝着塑料条的方向弯曲变形。

遥控木棒

实验操作:

1.如图所示，将木棒平衡放在椅子背上。

2.用羊毛衫摩擦塑料棒使其带电，然后把塑料棒靠近木棒。

实验现象:

木棒会移动并掉下来。

实验原理:

羊毛衫使塑料棒产生电，吸引木棒，使其掉落。

长袜验电器

实验操作：

1. 分别在两只袜筒里各塞满报纸。
2. 将短木条横插在袜管口，使它们能被提起。
3. 吹胀气球，并将其与袜子摩擦。
4. 提起袜子，使其靠近对方。

实验现象：

袜子会分开，像是验电器起反应一样。

实验原理：

袜子上带有相同的电荷，所以相斥分开。

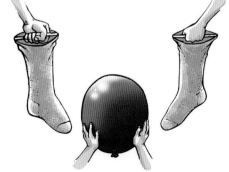

实验拓展：

将带电的气球放在两个袜子的中间。袜子又会怎样呢？

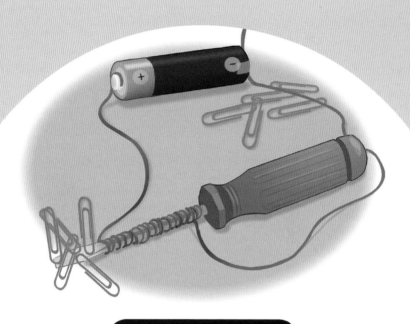

电　流

电流是电荷的定向流动。

电流会产生磁性，还会转化为热能。

让我们一起来做几个简单的电流实验，

看看它们的"威力"吧。

发电的硬币

实验操作：

1. 彻底洗净两枚硬币或金属片。

2. 把它们同时放在你的舌头上。

实验现象：

　　你会感到有点儿咸，同时还有一点儿麻木感。

实验原理：

　　两种金属之间产生了弱电流。

害怕的蚯蚓

这次的实验我们将用到蚯蚓，但是在实验过程中注意不要伤害它。

所需材料：

- [x] 铜片一块
- [x] 锌片一块
- [x] 砂纸一张
- [x] 蚯蚓一条

实验操作：

1. 用砂纸将金属片擦干净，用水沾湿。

2. 如图所示，把一块金属片放到另一块的上面，再把蚯蚓放到上面。

实验现象：

蚯蚓往另一块金属片的方向只移动了一点儿，便立刻缩回来。

实验原理：

当蚯蚓同时碰到两块金属片时，它的身上会有弱电流通过，所以便会"受惊"。

伏特的电池

意大利科学家亚历山德罗·伏特制出了第一块电池。我们一起来看看它是怎样运作的。

所需材料：

■ 铝箔纸一张 ✓
■ 餐巾纸或吸墨纸若干张 ✓
■ 硬币 20 枚 ✓
■ 盐水若干 ✓
■ 木框一个 ✓

实验操作：

1. 如图，做一个可以把硬币塞在里面的木框。
2. 剪出一些跟硬币大小一样的铝箔纸片和纸片。
3. 把纸片放进盐水里沾湿，甩掉多出来的水。
4. 按照硬币、湿纸片、铝箔纸片的顺序，把硬币堆放好。
5. 当你放完20枚硬币后，用两根湿手指触碰最上端。

实验现象：

你会感到微弱的电击。

注意：

木框的柱子需涂以石蜡来绝缘，以免造成短路或消耗电池。

在这个实验中，你也可以使用锌片或铜片来代替硬币和铝箔纸。

电生热

实验操作：

1. 把铜线在温度计的底部缠几圈。

2. 记录下目前温度计上的温度。

3. 用胶带把铜线贴在电池的终端上。

4. 稍稍等候，查看温度计的温度。

所需材料：

■ 温度计一个 ✓
■ 电池一个 ✓
■ 细铜线若干 ✓
■ 胶带若干 ✓

实验现象：

温度计显示的温度比一开始的高。

实验原理：

电流通过导体（铜线）时，会释放热量，使得温度计的温度上升，显示出更高的温度。

电磁铁

电流还可以像磁铁一样，我们一起来看看吧。

实验操作：

1. 往瓶子里倒一些图钉。
2. 如图所示，把针插在瓶子里。
3. 在针伸出瓶口的部分，缠上铜线。
4. 铜线连在电池的两极。

实验现象：

图钉会被吸在针的底部。把针从瓶子里取出，图钉仍吸在上面。

实验原理：

针和金属线缠在一起，当有电流通过时，针便带有磁性，所以能吸住图钉。

改变灯泡的亮度

下面的实验将会告诉大家，电流的强度取决于它通过导体的长度。

实验操作：

1. 如图所示，用铝箔纸将几根铅笔芯捆在一起。
2. 用铝箔纸在这束铅笔芯的中间再捆成一圈，做一个"滑车"。
3. 如图所示，用胶带将铜线连在铝箔纸和电池上。
4. 在铅笔芯上滑动"滑车"，观察灯泡的亮度。

实验现象：

灯泡亮度会改变。

实验原理：

当你将"滑车"来回滑动时，你就改变了导体（铅笔芯束）的长度，因此也改变了电阻。电阻改变，电流的强度也会改变，由此，就改变了灯泡的亮度。

所需材料：
- 家用电池一块
- 手电筒里取出的小灯泡一个
- 铅笔芯若干
- 铝箔纸若干
- 铜导体（铜线）若干
- 胶带若干

实验拓展：

不同的铅笔芯（B、2B、HB、H、2H、3H……）各扎成一捆。看看不同硬度的铅笔芯的电阻又会有什么不同。

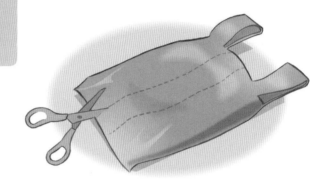

分离的下摆

验电器可以用来检测物体是否带电。我们做个小实验，看看验电器究竟是怎么工作的。

所需材料：
■ 塑料袋一个 ✓
■ 剪刀一把 ✓

实验操作：

1. 在塑料袋上剪出一条塑料带后对折。
2. 如图所示，一只手拿着塑料带，另一只手的手指夹着它，来回摩擦。
3. 松开摩擦的手，看看会发生什么。

实验现象：

手松开时，塑料带两端分开。

实验原理：

手指摩擦塑料带会使其带电。因为塑料带两端带有相同的电荷，所以相斥分开。在做验电器的时候，也会用到这条原理，来看看物体是否带电。

敏感的验电器

你可以做一个简易装置来看看物体是否带电。

所需材料：
- 金属带（30cm长，5~6cm宽）一条 ✓
- 小剪刀一把 ✓
- 纸皮箱一个 ✓
- 长蜡烛两根 ✓
- 塑料勺子一个 ✓
- 羊毛织物一块 ✓
- 胶水若干 ✓

实验操作：

1. 在纸皮箱上开两个孔，将蜡烛插入孔中。
2. 在金属带中间裁出一条细带子后，两端拉紧粘贴在蜡烛上。
3. 用羊毛织物摩擦塑料勺子，使其带电后接触裁出来的金属细带。看看会发生什么。

实验现象：

勺子接触细带，细带会从金属带中分离出来。

实验原理：

带电的勺子接触细带，电子会移动到金属带上。金属带上带有同种电荷，因此细带会分离出来。过一会儿，细带和金属带上的电子会均匀分配，细带会垂下来。

家里的导体

电子会从某些物体的一端移动到另一端，我们称这些物体为导体，不能导电的物体，我们称之为绝缘体。我们来做个实验学习一下传导性吧。

所需材料：
- 玻璃杯一个
- 塑料勺子一个
- 羊毛织物一件
- 线和纸球做的摆锤一个
- 你想测试的物体（如木锅铲、金属材质的叉子等）若干

实验操作：

1. 把玻璃杯放在摆锤旁边，叉子放在玻璃杯上。
2. 用塑料勺子摩擦羊毛织物带电后接触叉子。看看会发生什么。
3. 用木锅铲或者其他东西代替叉子，重复实验，看看又会产生什么现象。

实验现象：

勺子接触叉子时，摆锤上的小球先靠近再远离叉子。但换了木锅铲之后，摆锤并没有移动。

实验原理：

小球靠近叉子，证明叉子是导体。但木锅铲不能使得小球运动，这说明木锅铲不导电。

纸流苏

我们身边有很多的物理场：磁场、引力场、电场等。我们可以利用设备来探测它们。这次我们做一个小设备，检测一下电荷对物体的影响。

所需材料：
- 描图纸（20cm×10cm）一张 ✓
- 剪刀一把 ✓
- 塑料勺子一个 ✓
- 羊毛织物一件 ✓

实验操作：

1. 在纸上剪若干0.5cm宽的流苏后将其卷起来。
2. 用羊毛织物摩擦勺子使勺子带电。勺子在流苏边来回摆动，看看会发生什么。
3. 把手指放入流苏之间，又会有什么变化呢？

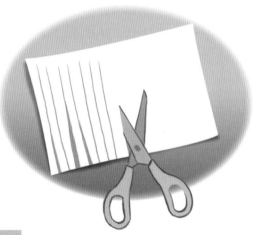

实验现象：

流苏带同种电荷后相互分开。手指放在流苏间时，流苏会暂时相吸聚合在一起。

实验原理：

流苏带电时拥有同种电荷，因此相斥分开。手放到流苏中间时，手指会吸引流苏，因为你的手在感应后，带有正电荷。这说明，你的手中发生了电荷分离反应，手中的同种电荷远离流苏（相斥）后，便只留下正电荷。而由于异性相吸，所以流苏会靠近你的手。过一会儿，由于电荷重新分配，流苏便垂了下来。

指南针错位

无论何时，只要你想辨别方向，指南针永远都是你的最佳选择。然而，如果把指南针靠近电路，指南针还会做出正确的判断吗？我们用简单的器材来测试一下指南针的准确程度。

实验操作：

1. 如图所示，把零件连接起来。
2. 指南针靠近电路，看看会发生什么。

实验现象：

靠近电路时，指南针的指针一直左右摇摆。

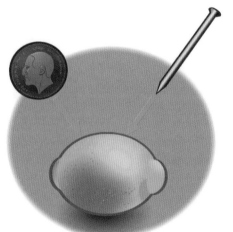

实验原理：

柠檬酸与金属发生反应后，原子进入流体，只留下电子，从而，铜板带负电荷。钉子所带的电荷量比铜板的多。这就是两种不同金属所产生的电势差，这也是发电的先决条件。电子从高电势流向低电势。

注意：

用苹果和橙子代替柠檬做电路，也可以换成其他金属重复做这个实验，看看还有哪些物体也是导体。

电动吸尘器

做一个小型"吸尘器",帮你收集散落在桌面上的回形针吧。

所需材料:
- 1.5V的电池一节 ✓
- 金属线若干 ✓
- 螺丝刀一把 ✓
- 回形针一盒 ✓
- 胶带若干 ✓

实验操作:

1. 金属线贴在电池的正极上。
2. 金属线缠绕着螺丝刀的金属部分后,末端用胶带粘在电池负极上。
3. 把螺丝刀放在桌子上,看看会有什么反应。

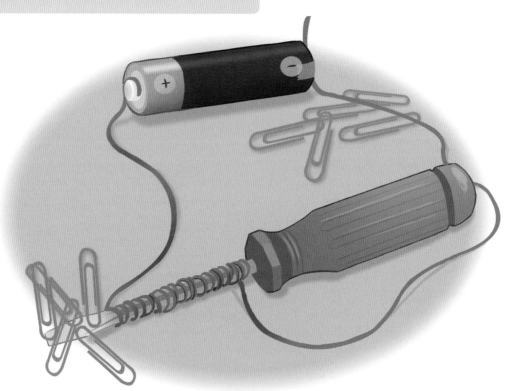

实验现象:

回形针会吸附在螺丝刀的金属部分上。

实验原理:

金属线贴在电池上时便产生了电流。金属线缠在螺丝刀金属部分上,便使其变成电磁铁,由此,吸住回形针。电路切断后,回形针便会掉落。

注意:

通电后不要用手触碰导线的金属部分。

磁 力

磁铁能够产生磁场，在金属棒、
马蹄铁、磁针中都能找到磁铁。

指南针

你可以借助太阳来帮自己找方向，但其实还有很多其他的方法。

实验操作：

1. 如图所示，把纸折起来，用线把它系在铅笔上。
2. 如图所示，用磁铁北极在织针上来回蹭几次，使得织针带磁性。
3. 用织针穿过纸，并如图把它吊起来。
4. 等到织针停止转动，用书压住铅笔，你便可以把画有东南西北四个方向的纸放在针的下面。

实验现象：

织针指向北方。

实验拓展：

把磁化过的金属棒吊在任意一样物体上，如椅子，同样也可以定位。

碟子里的指南针

我们一起在餐碟中做一个指南针吧。

实验操作:

1. 在碟子下放着的纸上,写上四个方向。

2. 在碟子里放满水,让瓶塞在水里自然浮起。

3. 把针磁化并固定在瓶塞上,它会立刻指向南北方向。

奇妙的能量

旋转跳跃的陀螺

做一个一边旋转一边跳跃的陀螺吧。

所需材料：
- 软圆木片一块 ✓
- 钉子一根 ✓
- 磁铁一块 ✓

实验操作：

1.如图所示，用软圆木片和钉子做一个陀螺。

2.旋转陀螺并将磁铁靠近它。

实验现象：

它在旋转的同时，也会上下跳动。

悬浮的回形针

用回形针，做一个会跳舞的"眼镜蛇"。

所需材料：
- 钢铁质地的回形针一枚 ✓
- 线若干 ✓
- 胶带若干 ✓
- 磁铁一块 ✓

实验操作：

1. 线的一端系上回形针，另一端用胶带粘在桌面上。
2. 慢慢用磁铁靠近回形针。

实验现象：

稍加练习后，你就能让回形针变得像会跳舞的眼镜蛇一样，上下舞动。

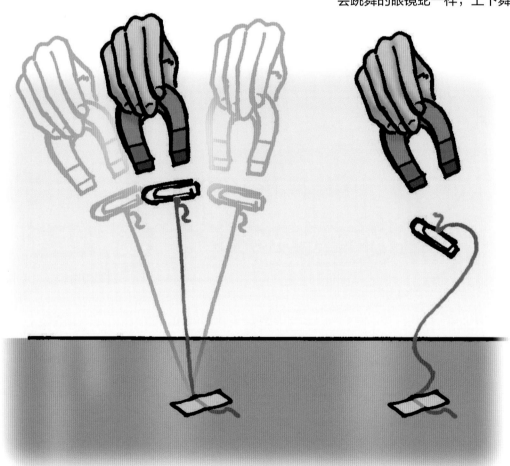

电和磁

我们一起来看看电和磁之间的联系吧。

实验操作:

1. 将针粘在瓶塞上。
2. 使粘有针的瓶塞在水中漂浮,顺着它指示的方向,把铁丝粘到碟子边缘。
3. 把铁丝接上电池。

实验现象:

接上电池后针会转动方向。

实验原理:

通电后的铁丝也会产生磁性。

能　量

大自然无时无刻不产生着能量。阳台上的花盆、湖里的水、
扭紧的发条、绷紧的肌肉、飞行中的箭、绕着太阳转动的星球……
它们都有能量。接下来的实验会告诉你，
就算只是拉紧的橡皮筋，都是有能量的。

自己滚回来

实验操作:

1.在罐子的两个盖上分别开一个小洞。

2.如图所示,橡皮筋穿过小洞,并用牙签固定住。

3.如图所示,用线把螺丝吊在橡皮筋上。

4.在水平面上滚动锡罐。

所需材料:

- 两边有盖的锡罐一个 ✓
- 厚橡皮筋若干 ✓
- 中等大小的螺丝一个 ✓
- 牙签两根 ✓
- 线一条 ✓

实验现象:

锡罐会自己滚回来。

实验原理:

当你滚动锡罐时,螺丝绕着橡皮筋转,像是扭紧了发条,动能便由此转变成势能。当势能转化为动能时,锡罐就能自己滚回来了。

实验拓展:

在纸片上扎两个孔,或者用一个大的纽扣。把线穿过小孔,两端缠在手指上。转动纸片和线,然后如图拿好。纸片会自己旋转。为什么?

感知温度

利用额头和橡皮带，我们就能够感觉到物体温度的变化，从而了解能量守恒的规律。

■ 宽橡皮筋一根 ✓

实验操作：

1. 用四根手指（左右手各两根），把橡皮筋撑开。

2. 用橡皮筋接触额头。

3. 继续撑开橡皮筋，然后快速地碰额头。

实验现象：

第二次的橡皮筋会更热。

实验原理：

当你在撑开橡皮筋时，橡皮筋里的分子会被拉远，由此，它们得到了弹性势能。手放松时，分子回到原来的位置，但是能量却没有消失——它变成了热量。这次的实验，证明了能量不会消失这个原理。

你摇我摆

风吹枝舞，风吹草动。秋千上的小孩来回荡，吊在线上的重物也是这样。但是不碰触重物，同样可以摇摆，为什么呢？

所需材料：
- 线若干 ✓
- 相同的重物三个 ✓
- 挂钩两个 ✓
- 支架一个 ✓

实验操作：

1. 在支架两端放好挂钩，然后把线拉在挂钩之间。

2. 用线把三个重物做成三个球摆。其中两条线一样长。

3. 如图所示，把它们吊在水平线上的A、B、C点上。

4. 启动A点的球摆。

实验现象：

不一会儿，C点的球摆也开始以同样的规律和相同的程度摇摆。

实验原理：

A的摇摆传递到了C——由于线长一样，它们产生了共振。

小小乐园

下面我们来做一个小小乐园，感受一下能量转换的神奇吧。

所需材料：
- 透明软管一根 ✓
- 弹珠一颗 ✓

实验操作：

1. 如图所示弯曲软管。
2. 把弹珠放入管内，观察它的运动。

实验现象：

弹珠会飞速从软管的另一端跑出来。

实验原理：

我们把弹珠放入管内时，弹珠往下走的速度，使其可以上升到管内的顶端。到达最高点时，弹珠得到了重力势能。弹珠下降时，势能转化成动能，使它能够快速地从软管中滚出来。

物体放在一定高度，便得到一定的重力势能。物体落下时会压到或打碎其他的东西。这都是重力势能在起作用。

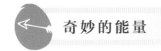

小弹弓

让我们从游戏中掌握下面的物理小知识。

所需材料：

- 纸一张 ✓
- 晾衣夹一个 ✓
- 橡皮筋一根 ✓
- 火柴或是小木条一根 ✓

实验操作：

1. 在纸上画圈。
2. 用橡皮筋绕着晾衣夹。
3. 用火柴把橡皮筋挤进晾衣夹里面。此时，晾衣夹紧紧地夹住火柴。
4. 火柴对准纸上的目标后打开晾衣夹。

实验现象：

火柴会被弹出去。

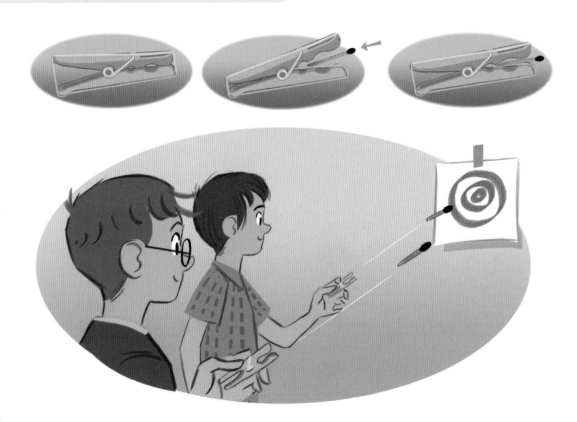

实验原理：

拉紧橡皮筋会产生弹性势能。打开衣夹时，橡皮筋的弹性势能会转化为动能，从而弹出火柴。

调皮的小钮扣

给亲朋好友们做一份特别的小礼物吧。

实验操作：

1. 如图所示弯曲钢丝，将橡皮筋穿过钮扣的孔，两端系在钢丝末端。
2. 转动钮扣，使橡皮筋缠绕最大限度。
3. 把它装进信封里，然后给你想要恶作剧的人。如果你在信封内写上此次实验的原理，那你的朋友也能学到其中的原理。

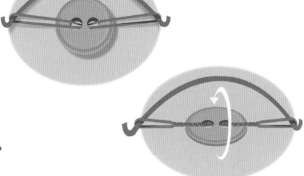

实验现象：

把信封内的东西取出时，钮扣会快速地转动。

实验原理：

缠绕着的橡皮筋具有弹性势能。从信封内取出钮扣时，橡皮筋的弹性势能便转化为动能，使得橡皮筋恢复原状，而钮扣也会因此而转动起来。这就是弹性势能转化为动能。

小陀螺

很多人都喜欢玩陀螺，只要手指轻轻一转，陀螺便转起来。但是，如果我们不用手转陀螺，它也能转动起来吗？

实验操作：

1.绳子的末端缠绕陀螺3~4圈。

2.在平面上猛地抽出绳子。

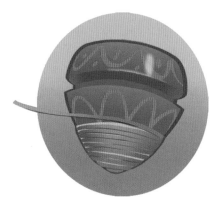

实验现象：

陀螺开始旋转。

实验原理：

缠绕着陀螺的绳子像是弹簧，绳子抽出，弹性势能转化为动能，因此，陀螺便旋转起来。

揉纸球

我们一起来看看废纸可以揉捏到多小呢。

实验操作：

1. 把废纸揉成球。
2. 更大力地揉纸球，看看它会变得更小更硬吗？

实验现象：

你所揉的纸球中间还有很多的空间。但是如果想把纸球揉得更小，却非常费力。

实验原理：

揉纸球的时候，纸会弯曲形成很多边角。揉纸球时的动能会转化成势能，而正是这种势能，阻碍我们进一步揉紧纸球。越用力揉纸球，纸球的边角就越多，里面的能量也会随之增加。所以，压缩纸球会越来越吃力。

纸球的大小或者硬度，取决于施加于它的力度有多少。除此之外，里面的空气也会阻碍我们进一步压缩纸球。

会转的装饰品

利用物理小知识，我们来做一个会转的装饰品吧。

实验操作：

1. 如图所示，在纸上画螺旋线，用剪刀沿线剪下来。
2. 用胶带把螺旋的中心点粘在瓶塞上。
3. 将有橡皮擦的一端朝上，把铅笔插在台灯上面。
4. 针扎在橡皮擦里，然后把瓶塞插在针的另一端。
5. 打开台灯，看看会发生什么。

实验现象：

打开台灯不久，螺旋装饰就转动起来。

实验原理：

台灯开启后产生热能。热能使得灯泡上方的空气变热上升。由于螺旋插在很小的支点上，随着气流的带动，它便轻松地转动起来。

磁 铁

起初，人们将磁石放在漂浮在水面的木条上，用来辨别方向。

之后，人们制造出磁铁跟指南针。

如果我们只有铁屑的话，怎样利用它们来做磁铁呢？

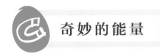

铁屑变磁铁

所需材料：

■ 塑料管（约10cm长）一根 ✓
■ 铁屑若干 ✓
■ 橡皮泥或黏土若干 ✓
■ 磁铁一块 ✓
■ 小图钉几个 ✓

实验操作：

1. 在塑料管内装满铁屑。

2. 用橡皮泥将管两端密封。

3. 把管放在桌子上，按住，用磁铁的北极贴着管道来回吸。

4. 将图钉放在管的两端。

实验现象：

　　管内的铁屑被磁化，吸引住图钉。

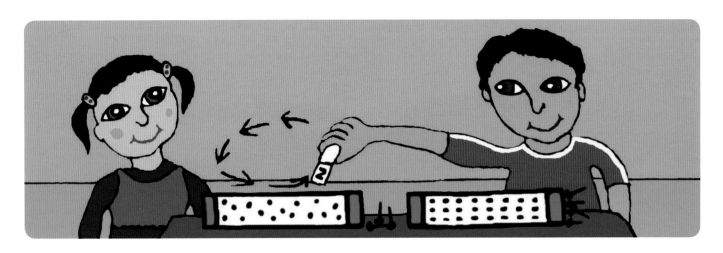

实验原理：

　　每一颗小铁屑都变成了一个小磁铁，这些磁铁的磁力在管的两端最强，由此，整根塑料管就变成一个磁铁了。

异性相吸

缝衣针同样可以用来做实验。

实验操作：

1. 用磁铁北极摩擦缝衣针，使其磁化。
2. 将两条线分别系在纸片上。
3. 将针扎穿纸片。
4. 将两张纸片分别吊在容器的里面和外面。

实验现象：

两张纸片上的针都保持在南北方向上。磁化过的针，通过容器壁相互吸引。

实验原理：

磁铁（针）异性相吸。

这不仅是一本少儿科学实验读物
更是您的阅读解决方案

建议配合二维码使用本书

本书特配线上资源

▶ **知识拓展包**

下载知识拓展包，看物理化学生物的拓展知识，激发学习兴趣，帮助孩子轻松积累学科知识。

▶ **趣味小测试**

通过趣味小测试，检测孩子知识掌握情况，查缺补漏，帮助孩子巩固学科知识。

▶ **实验操作视频**

看实验操作视频，从实验中清晰了解科学现象产生的过程，让孩子对科学产生浓厚兴趣的同时，为以后的学习打下良好基础。

▶ **专家答疑**

专家在线答疑，解决孩子阅读过程中产生的困惑。让孩子阅读更轻松，家长辅导少压力。

▶ **德拉创新实验室小课堂**

看实验室小课堂，轻松学习物理科普知识，了解生活中的物理现象，让孩子学习更有动力。

▶ **阅读助手**

为您提供专属阅读服务，满足个性阅读需求，促进多元阅读交流，让您读得快、读得好。

获取资源步骤

第一步：微信扫描二维码

第二步：关注出版社公众号

第三步：点击获取您需要的资源

微信扫描二维码

获取本书线上阅读资源